U0151383

夏克梁建筑风景钢笔速写

Pen Sketch of
Landscape and Architecture by
Xia Keliang

夏克梁 著

东华大学出版社

图书在版编目（CIP）数据

夏克梁建筑风景钢笔速写 / 夏克梁著 . —上海：东华大学出版社，2022.1

ISBN 978-7-5669-2018-8

Ⅰ . ①夏… Ⅱ . ①夏… Ⅲ . ①建筑艺术－风景画－钢笔画－速写－作品集－中国－现代 Ⅳ . ① TU204

中国版本图书馆 CIP 数据核字 (2021) 第 259108 号

责任编辑　谢　未
装帧设计　胡晓东　王　丽

夏克梁建筑风景钢笔速写
XIAKELIANG JIANZHU FENGJING GANGBI SUXIE

著　者：夏克梁
出　版：东华大学出版社
（上海市延安西路 1882 号　邮政编码：200051）
出版社网址：dhupress.dhu.edu.cn
天猫旗舰店：http://dhdx.tmall.com
营 销 中 心：021-62193056　62373056　62379558
印　刷：苏州工业园区美柯乐制版印务有限责任公司
开　本：　889mm×1194mm　1/16
印　张：8.75
字　数：308 千字
版　次：2022 年 1 月第 1 版
印　次：2024 年 1 月第 2 次印刷
书　号：ISBN 978-7-5669-2018-8
定　价：49.00 元

目 录

本书作品的主要来源地

2010 年 5 月，因济南大学、山东农业大学邀请前往交流，
期间考察济南的灵岩寺及周边的民居、济南城郊的朱家峪村、泰安的岱庙、曲阜的孔庙等地并拍摄了大量照片。

2010 年 5 月，因福建工程学院、福州大学邀请前往交流，
期间考察福州的老街区及周边的古镇并拍摄了照片。

2010 年 7 月，因担任"建筑速写及手绘表现技法"骨干教师培训班的指导教师，与学员一起赴浙江绍兴安昌古镇写生。

2010 年 8 月，与朋友赴西北地区采风写生，
期间考察了青海的西宁、塔尔寺、平安县的夏宗寺及寺台乡、乐都县的瞿昙寺及柳湾村等；
甘肃的兰州、天水的麦积山石窟和玉泉观等；
河南的郑州及嵩山的少林寺、洛阳的龙门石窟、开封的老街区等地。

2010 年 8 月，赴庐山手绘艺术特训营上课期间，因课程的安排，与学员一同上庐山写生。

2010 年 8 月，与家人赴福建厦门鼓浪屿旅游期间，抽空画了速写。

2010 年 10 月，与庐山手绘艺术特训营的师生赴印度写生考察期间，
考察了德里、安格拉、斋浦尔、瓦拉那西等地。

2011 年 1 月，与家人及朋友赴泰国旅游，游走了曼谷、清迈、清莱、芭提雅、大城等地，
抽空在现场画了速写并拍摄了大量的照片。

我与建筑钢笔速写

绘画的表现形式多样，我也曾经尝试体验过不同材料的各种表现手法，其中钢笔速写是我平时外出考察、写生、旅游时体验生活的一种方式，传达着自己对建筑风景的独特情感。这种表达方式自2004年夏天开始一直沿用到现在，甚至会一直用下去。

采用钢笔作为速写的表现工具这跟我的工作经历有关，我曾经是职业的设计师兼业余的水彩画家，后转入学校从事教学工作，从设计、创作的草图方案到教学的钢笔画等课程都离不开钢笔工具的运用。钢笔因线条刚劲有力，表现手段灵活、生动，表现力极强及携带、使用方便等特点，备受我的喜爱。钢笔速写作品不仅具有设计表现的实用性，也具有绘画作品的艺术性。优秀的钢笔速写作品应具有强烈的个人风格，具有独立的审美价值。如果丧失了个性化的表达，作品将失去生命力和艺术的感染力。从起始的接触钢笔速写到现在的实践探索，我也经历了从临摹、参考、借鉴、模仿等学习过程，探索学习的过程是艰辛的也是快乐的。现在的我还是处在探索钢笔速写表现风格的初级阶段，我还将努力地寻找我所要表现的艺术风格。

本书收集的均是我2010年7月份以来的速写作品，其中部分是我假期外出采风和旅游时的速写作品、也有部分是我教授速写课程中户外的现场示范作品、还有部分是我近一年来外出参与各种活动时根据所拍摄的照片描绘的表现作品。在这些作品中，尽管大部分都是初级的小品、习作，但每张作品的表现是真实的，都充满着我的激情与力量，也是我近一年来对钢笔速写艺术追求的真实反映。

本书也是我参与的2010年浙江省社科联科普及课题"以图解普及传统民居建筑装饰"的研究成果之一。

什么是建筑风景钢笔速写

建筑风景速写是将建筑作为主要的表现依据，以钢笔（包括签字笔等硬笔）为工具，通过相对较快的速度将其记录下来的绘画方式。它表现的题材不仅仅限于独立的建筑本身，而且也包括人文景观、生活环境、道具场景等都可以纳入建筑风景速写的范畴。在速写过程中，可以使用单一或多种工具，多层次、多手段地进行表现，借此表达对建筑及其周边环境的认知和理解，画面效果往往可以呈多样性。建筑风景速写是一种记录和传达视觉感受及心理表象的绘画方式，它允许你以客观的建筑场景为对象，主观地自由发挥，尽可能追求视觉效果的多样性和新鲜感。

图1 泰国，清迈，38cm × 26cm

图2 泰国，清迈，38cm × 28cm

为什么要画建筑风景速写

每个人对画建筑风景速写的目的不同，对建筑风景速写实践较多的应该是从事建筑、环境艺术设计专业的设计师和学生。主要的目的是锻炼快速记录建筑实景的表现能力以及设计思维的表达能力和建筑画的创作能力。画家则是通过建筑风景速写收集素材、表达情感、提升绘画的表现语言和表达能力。同时，通过建筑风景速写的实践也提升了对环境场景的观察能力、记忆能力和审美的鉴赏能力，它往往是超越职业局限的一种综合艺术素养的培养。

钢笔速写的作用
与意义

不同的速写实践者根据自身的研究方向或职业不同，其绘画的表达形式也将有所差异，但是我想最主要的目的还是为了以锻炼表现能力和收集素材为目标。我游离于艺术创作和环境艺术设计之间，钢笔速写对于艺术创作和艺术设计的作用都有所体会。从它的实用性来讲，更能从环境艺术设计专业中得以体现，建筑钢笔速写是环境艺术专业必修的一门专业基础课程。其目的和作用主要在于通过建筑钢笔速写的训练，锻炼学生设计思维的表达能力、完善设计概念以及作为与他人沟通和交流的重要方式与途径。建筑风景速写的意义在于通过速写这种表现形式，学会以感性与理性交融的思维方式来思考问题，它使速写带有明确的发现、思考、表达的目的性，是达到记录、表达、创作的能力训练。

图3 泰国、清迈、24cm × 18cm

图4 泰国、清迈、25cm × 18cm

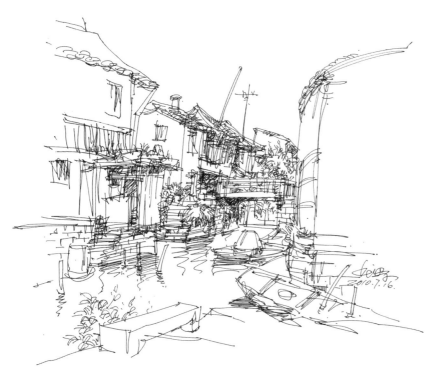

图5 浙江，绍兴安昌古镇，34cm × 29cm

图6 浙江，绍兴安昌古镇，32cm × 27cm

钢笔速写的作画者所要具备的能力

想要完成一幅优秀的建筑风景速写作品，需要对作画者提出一定的要求，必须具备扎实的绘画功底和熟练的画面处理能力。钢笔速写不同于周期较长（虽没有具体的时间划定，我个人觉得是指半天或半天以上）的建筑风景写生，后者可以花相对较长的时间对单一画面进行仔细地琢磨，深入地刻画与反复地调整和修改。建筑风景速写的时间一般有所限制，要求成图迅速，能在较短的时间内（我个人觉得应该是在一小时之内）将眼前之所见用笔准确地记录下来，同时还需具备一定的艺术处理画面的能力。因此，对你的表现技能有较高要求，既要做到下笔大胆肯定、运笔娴熟流畅，又要做到画面关系处理得当，画面生动而富有视觉感染力等。

钢笔速写的进步需要有一定量的积累

　　画建筑速写很难有什么秘籍和捷径，只有具备了一定作品量的积累，才能够出现质的飞跃，才能较为快速地领悟并掌握速写的要领，才能在速写时做到笔随心动，逐步缩短成图时间，不断提高表现水平，提升作品品质。我从 2004 年正式开始画钢笔速写，此后坚持实践，每年完成数百张，距今已有七个年头，积累了上千张作品。从起初较长时间的严谨画法到现在较短时间的快速表现，期间虽然也难免花不同的时间尝试不同的表现手法，但从总体来讲，现在在速写的时间和作品的品质上都发生了本质上的改变，我想这与一定量的积累是分不开的。

图 7　浙江，绍兴安昌古镇，35cm × 30cm

钢笔速写前的准备工作

在画建筑钢笔速写之前，首先需要做些准备工作。在众多的绘画表现形式中，我觉得钢笔画是最简便的一种。它比铅笔表现还要方便，不需配有橡皮、小刀或卷笔刀，只需一支钢笔或签字笔就可以将速写进行到底。所以它的准备工作也就相对简单，一般只需钢笔（签字笔）和画纸就可以。如果是外出写生，除了笔和速写本之外，还需要准备写生用的专用小折叠凳和旅行包，便可以轻松出发。

图8 山东，济南灵岩寺附近民居，35cm × 29cm

图9 山东，济南朱家峪，38cm × 29cm

工具的选择

　　建筑风景速写的作画时间相对较短，所以通常都选用便捷的工具作画。钢笔、签字笔、美工钢笔、针管笔、炭笔、铅笔等都是常用的速写工具，不同类型的画笔所产生的线条表现力也有所差异，画面的效果也有所不同。我在画建筑速写的时候就最喜欢选用签字笔作为表现的工具，因为签字笔不但价廉、型号多样，而且最为便捷，不需其他的任何附加工具和材料。并能利用线条最为快速、准确地表现出建筑的形体结构和光影变化，具有很强的表现力。

图10 山东，济南朱家峪，18cm × 23cm

纸张的选用

建筑风景钢笔速写一般均在户外场所进行。出于外出携带方便的考虑，一般选用速写本比较合适。当然，也可以选用铅画纸和复印纸置于一块轻便、平整，具有足够硬度的速写板上进行绘制。不同质地、不同肌理、不同色泽的画纸可以获得不同的画面效果，纸张的选择是视每个人对不同纸张的性能掌握程度及喜爱而定。就我而言，我喜欢选用A3的渡边牌速写本，这种速写本的纸质比较细腻且纸面净白，厚度适宜。一方面，外出写生时，A3大小的尺幅还算方便携带，绘制时也正好可以施展和便于画面大小的控制。另一方面，统一的速写本便于整理和保管，等画到一定的年限，统一的速写本会显得格外整体。如果在以旅游度假或者出差工作为主的外出途中，不会有太多或完整的时间画速写，我也会选用些开本较小的速写本，适时记录，便于携带。

图11 山东，灵岩寺附近民居，40cm × 28cm

图 12 山东．灵岩寺附近民居，40cm × 29cm

图13 浙江，安吉，35cm × 29cm

试笔

在钢笔速写即将下笔之前，我习惯于先试下手中的钢笔（签字笔），检查画笔的"出水"顺畅程度。因为线条是钢笔画的最基本元素，线条的流畅与否直接影响到画面的张力和气势，也影响到我的作画情绪，我喜欢用签字笔的主要原因也在于其往往比钢笔（包括美工笔）的"出水"要顺畅、比钢笔的线条要流畅，使自己在作画的过程中一气呵成，痛快淋漓。

图14 试笔

图15 青海，黑马河乡，41cm × 27cm

线条和用笔

　　钢笔线条是我赖以表达思想的绘画语言，具有很强的表现力。在建筑风景速写的过程中，对能否准确表达我对于场景的感知是非常重要的。在画钢笔速写的过程中，将尽量做到肯定、大胆用笔，快速拉线，体会用线过程，掌握运笔力度。所画的线条要明确清晰，流畅中带有力度。注重画面中线条组织的对比关系、疏密关系以及节奏关系。

图16 青海，塔尔寺，40cm × 28cm

线条的魅力

　　线条是构成钢笔建筑画的基本单位，线条是极富表现力和魅力的造型元素，灵活多变。线条的直曲变化、疏密组合、粗细搭配，使画面产生主次、虚实、疏密、对比等艺术效果。你可以借助线条传达出凝重、理性、轻快、跳跃等多种情感。肯定、干净、流畅是钢笔线条的基本要求和特点。由于钢笔速写的过程往往是直接用钢笔快速勾勒对象，线条难以擦拭、覆盖和涂改，这就要求你必须在下笔之前对描绘对象的形体、结构细节等有清晰明确的认识和理解。考虑好线条在画面中的位置以及线与线之间的组织方式，下笔时果敢大胆，一气呵成。

图17　青海，平安县寺台乡，37cm×28cm

图18 青海、平安县寺台乡，41cm × 28cm

用线的基本要领

　　一般人觉得画线非常简单，伸手就来。但当线条运用到画面中表现具体对象的时候，对线条的质量就提出了一定的要求。要做到运笔放松，所表现的线条应肯定有力，画面一定要维持线条的节奏与流畅。

线条的表现形式

　　线条的表现形式丰富多样，同一支笔能画出不同特点的线条。在钢笔速写中常用的线条有快速平滑线、自由线、乱线等。其中快速平滑线的线条特点是直且具有速度感，肯定流畅，多用于表现建筑的轮廓及形体关系。这类线条能传达出清晰明了的视觉效果，画面爽快大方。

　　自由线的线条特点是自由、随意，是钢笔画线条运用到一定熟练程度的自然结果。不受固定规律限制，是钢笔速写中运用最多的一种线条，用线自由、随性奔放，所表现的画面效果更显灵动。

　　乱线的线条特点是圈式或螺旋式的随意线条，从表面看是漫无目的随意涂画的线条，但实质是线条本身具有一定的内在规律，乱中有序。用线时可以反复叠加和重复，挥洒自如，多用于表现物体明暗关系。以乱线组织而成的画面具有特殊的视觉效果。但在运用乱线时，要时刻以整体的眼光掌控画面的全局，控制好乱线组织之下对象形体的明确性以及画面的黑白关系，否则容易陷入散乱的困境。

图19 泰国，清迈，40cm × 27cm

图20 泰国，清迈，35cm × 24cm

图21 泰国，芭提雅，22cm × 17cm

线条的组合方式

　　线条的组合方式有多种，但在钢笔速写的表现中，主要是通过线条的组合产生明暗层次的渐变以表达物体和场景的空间感。在应用的过程中，常用的有两种方法：一种是以平行铺排直线条的方法组合线条，暗部的明暗程度要依靠线条之间的间距感灵活调节，线条的排列方向以横向、竖向与斜向三类为主，是最为常用的排线方式。另一种是以线条叠加的方法形成明暗层次。线条叠加大致可分为平行叠加、十字叠加以及斜叉叠加三种，也是较为常用的线条组合方式，在钢笔速写中经常得以运用。

图22 浙江，安吉，25cm × 37cm

图23 浙江，安吉，31cm×18cm

图24 浙江，安吉，25cm×37cm

建筑风景速写的表现形式

　　建筑风景速写的表现形式多样。画面具体采用何种表现形式，我觉得最主要的还是要看当时的作画情绪。因为建筑速写往往是作画者情绪的一种流露，是带有很浓的感情色彩，较为感性。有时也会根据场景内容、速写目的来决定表现形式。钢笔速写中，常见的表现形式有以严谨、准确、线条清晰的结构表现画法；有以用线大胆、潇洒奔放的快速表现画法；有以线条排列、叠加表现明暗变化的光影画法；还有以质朴平实、追求憨拙之趣的朴实表现画法。

图25　山东，泰安某酒店室内景观，37cm × 28cm

图26 江西、庐山，39cm × 39cm

钢笔速写的结构画法

  以表现结构为主的线描画法具有钢笔建筑画典型的严谨特点。运用线条准确地表现建筑的透视关系、形体比例、结构特点，组织好建筑与环境之间的关系，依靠线条的疏密组合，建立起画面的虚实、主次和空间层次。这种画法在绘制过程中，要求你以娴熟的线条控制力对空间形体、结构转折等作清晰地的现。所表现的画面清新干净，线条疏密得当，结构关系准确。在建筑速写中，这种方法尽管要花费相对长的时间，且要有一定的耐心，但却也是比较常用的一种表现手法，并为钢笔快速画法打下了基础。

图27 江西，庐山，39cm × 26cm

图28 江西，庐山，39cm × 26cm

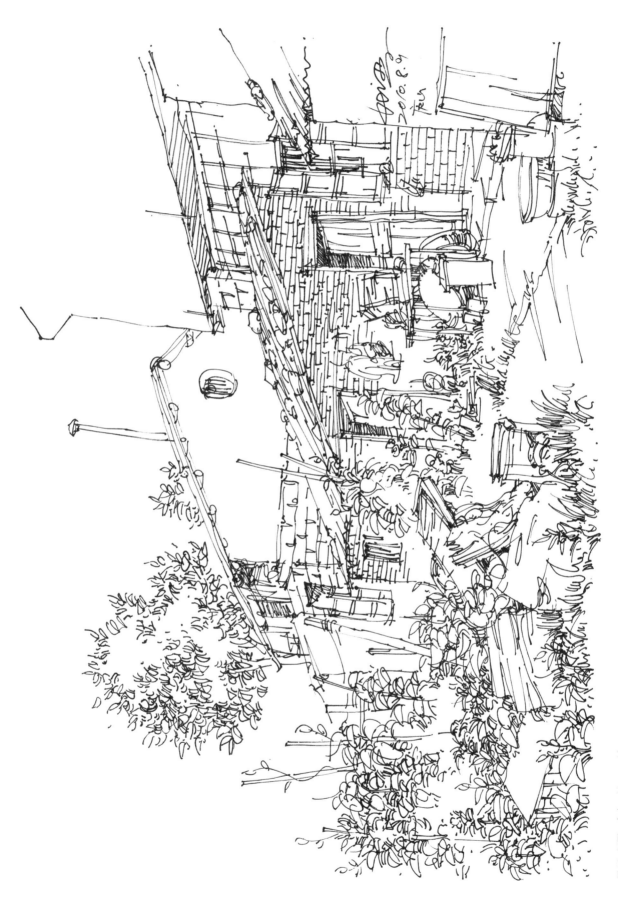

图29 江西，庐山，41cm×29cm

图30 江西，庐山，40cm×26cm

028

图31 江西·庐山，43cm×30cm

钢笔速写的快速画法

钢笔快速画法相对于结构画法而言，绘画速度较快，一般用线条快速勾勒建筑的形体，线条随性自由，表现偏重感性，富于表现力。画面大多线条概括洗练，大胆奔放，具有强烈的个人风格。重视透视比例的大关系，以线条大致勾画建筑的形体比例和结构关系，往往忽略局部细节的描写和刻画。使得画面整体繁简适宜，舒张有度，突出画面的趣味中心，具有一定的艺术趣味。这种画法的整体感相对容易把握，是钢笔速写中最常用的表现手段。

图32 泰国，大城，40cm × 28cm

图33 泰国，大城，39cm × 25cm

图 34 江西，庐山，43cm × 28cm

图 35 江西，庐山，43cm × 28cm

图36 青海，平安县寺台乡，41cm × 27cm

图37 青海，平安县寺台乡，41cm × 27cm

图 38　福建，福州老街区古民居，33cm × 28cm

图 39　福建，福州老街区古民居，31cm × 28cm

图40 青海，乐都县柳湾村，38cm × 26cm

图41 青海，平安县寺台乡，38cm × 26cm

图42 山东、济南朱家峪、39cm×28cm

图43 浙江，绍兴安昌古镇，41cm × 30cm

图44 浙江，绍兴安昌古镇，38cm × 23cm

图45 浙江，绍兴安昌古镇，38cm×27cm

图46 浙江，绍兴安昌古镇，38cm×30cm

图47 浙江，绍兴安昌古镇，38cm×20cm

图48 泰国，大城，39cm×27cm

钢笔速写的光影画法

　　明暗光影画法是基于表现形体结构的基础上，更为关注建筑景物受光后的明暗变化。通过线条的排列、叠加形成明暗层次的渐变，表达出画面的空间层次关系。表现时还要注意考虑如何从画面的整体入手，视觉中心是光影强调的重点，需要着重刻画，次要部位则简单带过。以宏观把握画面的黑白灰关系为原则，循序渐进地控制细部刻画与整体节奏的变化。光影画法的画面常给人以较强烈的视觉感受，具有较强的感染力。

图49 苏州园林，40cm×28cm

图50 泰国，清迈，36cm×29cm

图 51 泰国，大城，39cm × 23cm

图 52 泰国，芭提雅，37cm × 26cm

图 53　泰国，芭提雅，39cm × 29cm

图54 青海，平安县寺台乡，40cm × 28cm

建筑风景速写的时间

    时间的限制决定了绘画的表现形式。在户外的写生过程中，我曾经用数小时来绘制一幅写生作品。画面刻画得深入和细致，写生作品往往也成为创作作品。而近几年在外出写生考察的过程中，颇感时间宝贵。每次总想充分利用外出的时间多看新鲜事物，因此留给写生的时间往往只有数分钟乃至数秒种，写生便成了真正意义上的速写。速写讲究的是"速"字，提倡的是一种快速的描绘和记录，而不是细致深入地刻画对象。因为是快速描绘，也促使你对描绘的环境和对象作出快速的反应，锻炼了你的观察能力。

图55 青海，平安县寺台乡，41cm × 29cm

写生的几个要点

建筑风景速写具有一定的作画程序、方法及要点。对于刚接触建筑速写的人来讲还是应该了解和掌握，以便于后续更好地练习。

图56 青海，平安县寺台乡，41cm × 28cm

图57 泰国，清迈，37cm × 28cm

图58 泰国，清迈，37cm × 28cm

取景与构图练习

取景与构图是建筑风景速写的起始步骤，取景的首要目的是为了将场景中所要表现的对象怎样合理地安排在画面中，它是训练你对场景进行观察、发现、选择并组成画面的过程，也是培养和提高你对于建筑风景审美能力的过程。该阶段的练习较为重要，其掌握程度直接影响到后续的画面效果。

图 59 泰国，清迈，40cm × 24cm

图 60 泰国，清迈，40cm × 28cm

取景

　　写生场景中，各种不同类型的建筑及周边多样的环境元素相互并存，有些场景秩序井然，空间层次丰富，让人感觉美观舒适，有些则杂乱无章，让人感觉烦躁混乱。因此，在取景时一方面需要从客观的对象因素出发，尽量选择一些能打动你，让你感到具有视觉美感的场景。另一方面也可以从主观的因素进行考虑，可根据你的表现意图对场景做出适当的调度，进而选择出既具有速写表现价值，又能够适宜于表现的建筑风景。

图61　青海，平安县夏宗寺，31cm × 39cm

处处都可以取景

　　对于取什么样的景物才能构成画面？这没有确切的定义，视个人的眼光及感受来决定。对于取景，我曾经有过非常挑剔的经历，不感兴趣或打动不了我的场景不会随意动笔。但通过多年的实践，对场景的要求也不再那么苛刻，觉得任何一个场景都可以从中猎取到我所想要表达的景物。可取大场景，也可以取场景中的某些局部或细节。所以这就需要你在写生时要仔细地观察周边环境，总是能够从场景中寻找到引起兴趣并能入画的生动之处。

图62 泰国，曼谷，30cm × 26cm

图63 福建，福州民居，36cm × 28cm

构图

我非常重视画面的构图安排。因为构图是将景物转换为画面布局的第一步，在下笔前一定要对画面所要呈现的整体形象进行构想，做到心中有数。构图的合理组织安排，可以增强建筑风景的画面视觉冲击力，影响到观者对客观对象的审美和价值判断，构图在速写中起到了至关重要的作用。

图64 福建，福州民居，31cm × 27cm

小图

　　在构图没有把握的情况下，或者你刚接触建筑风景速写不久，我建议可以先勾画些小图，以供分析和比较。完美画面的构图需要做到平衡中有变化，变化中求统一。在安排画面内各物体的关系时，要把握天际线的节奏变化，物体面积的大小对比以及画面上下左右的均衡关系。"节奏、面积、均衡"是构图中三个重要的法则，只要整体掌握构图在这三方面的技巧，并结合不同场景针对性处理，就可以事半功倍，画面构图方灵活生动，富有吸引力。

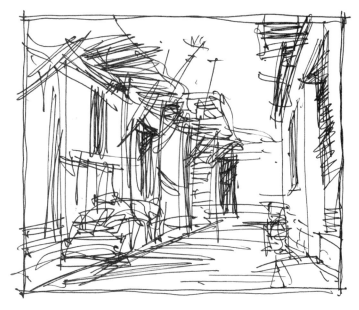

图65　小图

图66　福建，福州民居，33cm × 25cm

节奏

　　从显性层面看，建筑风景画速写作品中的"节奏"主要体现在天际线上。画面中的天际线如同乐章中的前奏与高潮，应具有明显而清晰的节奏变化，韵律丰富。反之，则沉冗拖沓，单调平淡。从隐性层面看，"节奏"还体现在画面空间层次的丰富性上。画面中的近、中、远景及黑、白、灰关系明显与否，决定了画面"节奏"感的变化，也决定了画面是否真实生动。

图67　山东，济南灵岩寺附近民居，39cm × 29cm

图68　山东，济南朱家峪，38cm × 29cm

面积

　　"面积"主要是指安排在画面中的各物体,其在画面中所占的比例大小。一般情况下,将场景的主体对象以大小合适的面积安排在画面中,所谓大小合适,指主体饱满、明确,与周边配景面积对比明显,画面主次分明。

图69 甘肃,天水玉泉观,40cm × 28cm

均衡

　　"均衡"即是指画面中各图形元素的组合能形成相对的稳定感和平衡性，不同于平均，指的是一种视觉上的均衡关系。较好的构图应当协调稳妥，比例适中，均衡的画面应在统一中富有变化，稳重而具有动感。在建筑风景速写的过程中，无论何种形式的构图，都要努力使画面的构图呈现出均衡感。

图 70　江西，庐山，39cm × 28cm

图71 江西，庐山，40cm × 29cm

图72 江西，庐山，43cm × 29cm

透视

　　透视是老生常谈的一个话题，画建筑必然要画透视。透视是准确表达空间，表现画面真实感的必要条件和重要基础，也是正确地反映各景物在空间场景中的前后关系的重要手段。如果在速写中不能将透视关系和空间关系表达准确，那么即使你的画面中充满着流畅、热烈、激情的线条，画面也将导致别扭、难以给人以舒适的视觉感受。因此，在建筑风景速写中，必须掌握透视学的基本原理以及采用透视原理表现空间的基本方式，提高眼睛对于空间感和透视感正确与否的判断能力，并能够合理地运用到画面表现中去。

图73 山东，济南朱家峪，41cm × 29cm

图74 山东，济南朱家欲，41cm × 22cm

图75 山东，济南朱家欲，40cm × 29cm

正确选择透视方法

在建筑风景速写中，透视的表现类型主要为一点透视、两点透视、仰角透视和鸟瞰透视。如果画纵深感较强的建筑街景时，常常选用的就是一点透视的原理。如果是想强化建筑的三维空间和形象特点，我则经常选择两点透视，两点透视在建筑风景速写中也是应用得最多的一种透视。仰角透视运用得相对较少，一般表现较为高大的建筑物。鸟瞰透视是一种比较特殊的视点，要求你站在地势较高的位置俯瞰较低处的场景。它所包含的范围较大，一般比较适合表现建筑群体，尽管有一定的难度，但我却乐于表现。

图76 青海，塔尔寺，39cm × 27cm

图77 青海，塔尔寺，41cm × 28cm

透视原理的运用

在建筑风景实地场景的速写中，由于经常受到时间、环境和气候变化等条件的限制，一般不可能让你有充裕的时间，利用透视学的方法科学地求出透视关系，也不可能做到所画的每一条线都能严格地符合透视的规律。因此，速写中透视原理的运用主要是把握两项基本原则：其一是近大远小的原则，其二是根据观察角度在画面中确立消失点的原则。这样，你就能够保持画面透视关系的大体准确，避免画面中出现明显的错误。对于速写而言，只要做到透视基本符合原理，使人产生视觉的舒适感即可。

图78 河南，开封，38cm × 28cm

图79 河南，开封，40cm × 28cm

图80 河南，开封，37cm × 22cm

图81 河南，开封，37cm × 25cm

要以放松的心情来画钢笔速写

　　对于初使钢笔作为写生工具的人来讲，画画的时候都会比较紧张、谨慎或不敢下笔。这样不利于钢笔速写的学习，你必须要学会在一种轻松的状态下作画，心情状态对于作画而言非常重要。我认为画钢笔速写其中很重要的一个目的就想通过画画来放松心情，所以没必要过于拘谨，在画每一笔的时候都应该记住这一点。

图82 山东，济南朱家欲，38cm × 28cm

图83 山东、泰安岱庙，38cm × 25cm

放松心情的方法

我觉得放松心情的方法首先是心态问题，你可以是保持以失败的心态去描绘景物，这种方法很管用。我经常在草稿纸上画出随意潇洒的作品，而在进口的高档纸上则往往表现不出满意的作品，这完全取决于心态。另外，可以尝试在限定的时间内完成速写，时间的限制使得你不得不提快速度，大胆挥笔。时间可以先是30分钟，再是15分钟，最后可以到5分钟。这种方法有利于帮助你将注意力集中在主要的形体上，用笔随意快速地勾勒出主体的轮廓和主要结构，而不要在意画得多少深入和细致。根据这种方法，通过多次练习，试着让你画面的线条自由随意一些，相信一定会有收获。

图84 甘肃，天水玉泉观，39cm × 28cm

画单体的重要性

　　线条构成单体，单体组合成画面，学会单体的塑造和处理，也就知道怎样来表现和处理画面。建筑风景速写中的单体可以由主体建筑和植物、道路、车辆、人物等配景组成。所以，学习钢笔速写往往也可以先从植物等单体着手。

图85 浙江、杭州钱江新城植物，32cm × 26cm

图86 福建、厦门榕树，38cm × 29cm

图87 浙江，安吉石头，30cm × 40cm

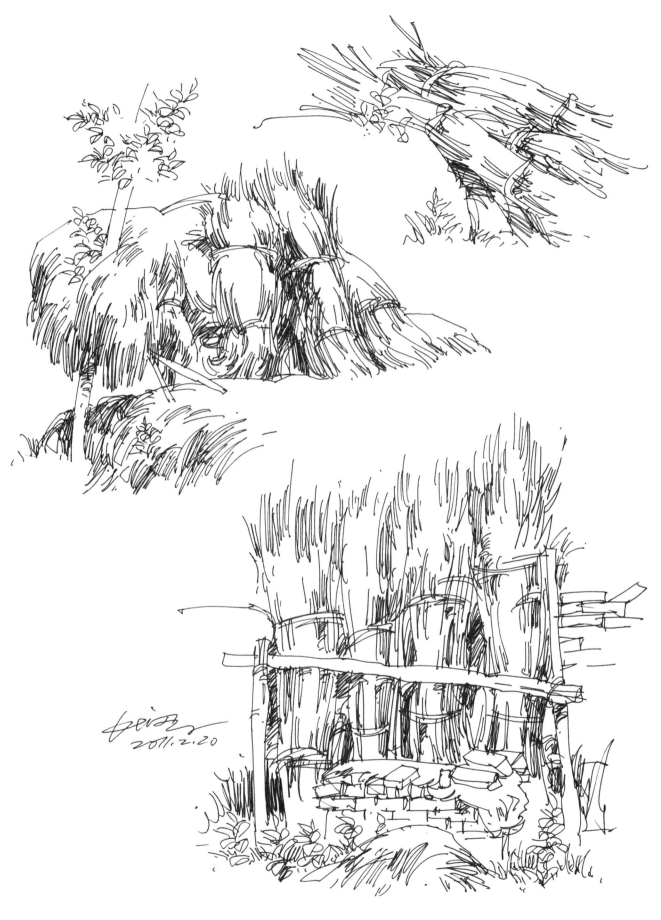

图88 青海，平安县寺台乡草垛，27cm × 36cm

图89 青海，乐都县柳湾村，40cm × 28cm

如何画建筑

建筑物是建筑风景速写中需要重点刻画的对象。它往往形成画面的视觉中心，是构成画面的主要内容。就单体建筑而言，既需要准确地表现建筑的外在特征，包括形态、结构、材质、色彩、光影等。也需要运用不同的手法刻画出建筑的内在气质和神韵，如内敛、奔放、稳重、质朴等个性特征。若表现的对象为建筑群体，则需注意将建筑间的空间远近、高低尺度等关系表达清楚，使各建筑在画面中的关系合理。

图90 福建，福州民居，39cm × 26cm

图 91 青海，塔尔寺建筑局部，27cm × 36cm

图92 山东，济南朱家峪建筑局部，27cm×37cm

谈谈配景

　　配景是建筑风景画中的重要组成部分，它不但能够有助于展示真实空间感和场景感，而且它能够烘托出环境特有的气氛。速写中，配景如何选择和放置，主要视画面的构图需要来决定。在尊重客观现实的前提下也可以主观地添加与舍弃或移动位置，进行艺术的再创造。配景要与主体紧密配合、息息相关，不应脱离于主体而存在。配景在突出建筑、表现空间、营造气氛、提升画面艺术效果等方面，均能发挥作用。

图93 福建，厦门榕树，23cm × 28cm

图94 植物，26cm × 18cm

图95 江南园林太湖石，30cm × 39cm

如何画植物

　　植物是建筑风景速写中不可缺少的组成部分，也是配景的主要内容。因为它的形体自由灵活，所以也是最难以表现的。植物在画面中的出现，主要分为乔木、灌木和花卉。对于远景中的植物，一般可作平面化的处理，但是仍要注意树木的轮廓变化。平面化的处理可以是单一的轮廓线，也可以是在轮廓形体中通过线条的排列达到一个"色块"，这往往要看表现周边建筑或物体的线条的密集程度而定。中景的植物可适当加以细致描绘，要画出植物的体块和层次关系。前景的植物一般接近于画面构图的边缘处，可画些具体叶子形状作生动的描绘，也可作概括地处理。乔木的表现应从树冠的体块关系入手，可以将大树冠区分出若干个小团块加以处理，小团块的界限不宜生硬，要灵活多变，要保持大树冠的整体意识。树干部分应遵照树木的生长规律，将主干和分支的连接方式描绘清楚并求合理。灌木、水生植物、花卉等不同类别的植物有其独特的生长姿态和规律，要注意表现出植物形态的基本特征。

图96　植物，34cm × 29cm

图97 植物绘制步骤

图98 植物绘制步骤

图99 植物绘制步骤

图 100 植物绘制步骤

图 101 植物，29cm × 36cm

图 102 植物，28cm × 38cm

图 103 植物，25cm × 35cm

图104 植物，21cm × 27cm

图105 植物，20cm × 28cm

图106 植物，26cm × 35cm

图107 植物，27cm × 36cm

图 108 植物，29cm × 29cm

图109 植物，29cm × 39cm

图 110 植物，26cm × 34cm

图111 福建，厦门榕树，29cm × 37cm

图112 福建，厦门榕树，25cm × 36cm

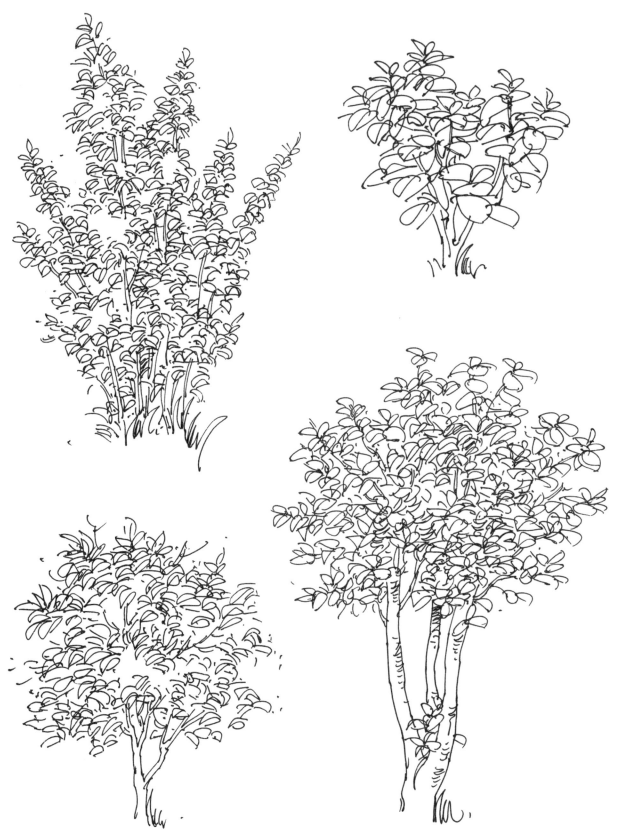

图113 植物，23cm × 29cm

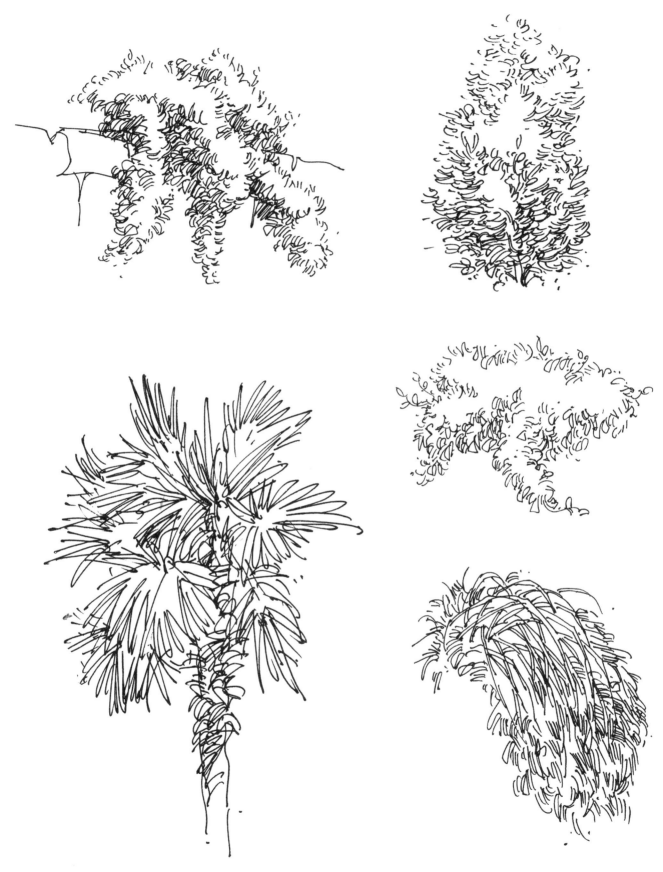

图 114 植物，23cm × 30cm

图 115 植物，26cm × 34cm

图116 植物，21cm × 27cm

建筑结构的表现

　　建筑风景速写中所描绘的绝大多数对象，都是由一定的结构关系所组成的。现实场景中，各种元素都有其不同的构建方式和生成规律，建筑有建筑的结构方式，植物有植物的生成规律等。对于每件物体的结构关系的表达，我们都不应忽视。在速写中，我一般都会先仔细地观察和研究对象的构成方式或植物的生成规律，在理解其基本关系的基础上，遵循其构成规律进行表现，将每件物体的形态结构合理地描绘。有时尽管快速、随意，仅是一种示意，但所表现的物体内容丰富、结构颇感合理。

图117 甘肃，天水玉泉观，37cm × 27cm

结构表现的注意事项

　　在教学工作中，我常常发现学生在遇到不理解或看不清楚物体的结构（指暗部）关系时，便省略不画或者平涂（采用线条排列组织），或是凭自己的主观意念进行随意创造，以至画面常常显出平淡、空洞，甚至会出现怪异感和反常性。这样有碍于你速写水平的提高，应注意避免。

图118 浙江、绍兴安昌古镇，36cm × 28cm

图119 柬埔寨、渔村，41cm × 28cm

材质的表现

　　建筑风景速写中，对于材料及质感的表现也是不可忽视的内容。材料是构成物体的基本元素，砖、木材、石材等不同的材料其表面的组织结构也具有一定的差异性，表现时也要有所区分。建筑速写因不会刻画得过于深入，所以在表现时要注意抓住材料的基本特征，往往局部象征性的示意就可以。

图120　青海，乐都县柳湾村，39cm × 29cm

图121 浙江，绍兴安昌古镇，36cm × 24cm

图122 浙江，绍兴安昌古镇，36cm × 24cm

空间与距离的表现（怎样画两物之间的前后及空间关系）

　　如果你已经学会了独立的造型元素画法，接下来更要掌握好画面中物体和物体之间的前后及空间关系的表现。它是衔接独立个体塑造与画面整体关系处理两个阶段不可或缺的环节，也是表现画面空间感的关键所在。处理物体和物体之间的关系主要是利用物体彼此之间的黑白对比关系相互衬托，突显物体间的前后及空间层次关系。画面中的两物体相叠时，在边缘交接处的处理上如果是以后面物体的暗衬托前面物体的亮，所表现的两物体的关系便是前后之间紧挨着的一种关系。如果是以后面物体的亮衬托前面物体的暗，所表现的两物体的关系往往给人的感觉是前后之间的一种空间关系。物体和物体之间的关系表现，应当技巧多变，淡化处理物体与物体之间的边缘线，含蓄而不生硬。

图123 浙江，绍兴安昌古镇，33cm × 22cm

图 124 石头及植物的画法，28cm × 37cm

图125 山东，济南朱家峪建筑局部，23cm × 30cm

图126 山东，济南朱家峪建筑局部，23cm × 30cm

图127 山东, 济南朱家峪建筑局部, 23cm × 30cm

图128 山东, 济南朱家峪建筑局部, 23cm × 30cm

图129　泰国，清迈建筑局部，28cm × 34cm

图130 泰国，清迈建筑局部，21cm × 26cm

图131 泰国，清迈建筑局部，21cm × 26cm

图132 山东，济南朱家峪建筑局部，26cm × 35cm

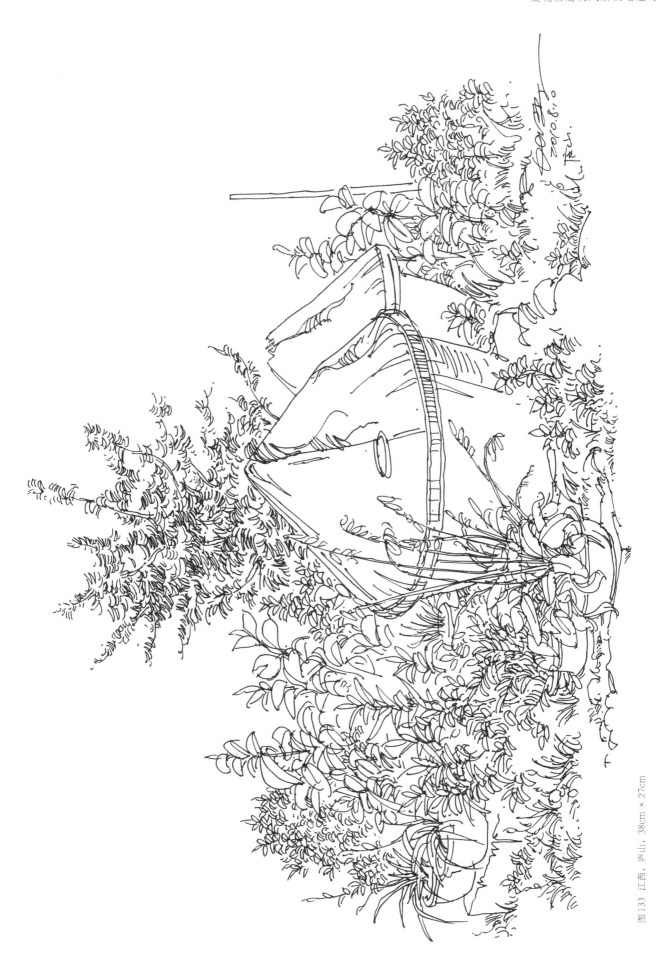

图133 江西，庐山，38cm×27cm

图134　泰国，大城，31cm × 21cm

图135　江西，庐山，36cm × 25cm

明暗与光影

　　速写作品中,一般刻画得不是太深入,光影往往是一种示意的处理手法,但是光影在画面中的作用却是不可忽视的。自然界的物体,因为光线的存在而呈现出视觉形象,阳光对物体的照射使它们产生了不同程度的明和暗的变化,并产生阴影。有光就有影,光和影是一种相互依存的关系,缺少光影的画面有时会显得平淡,空间关系不明显、主体不突出、视觉冲击力不强等,因此,光影的表现在画面起到了重要的作用。

图136 泰国,清迈,37cm × 28cm

光影的处理方法

　　在明暗程度相对细腻、刻画相对深入的速写作品中，在处理建筑等景物的光影关系上，主要是通过黑、白、灰三种不同明度的对比关系来实现。在户外速写时若是遇到阴天或下雨天，场景的光感不强烈，便直接影响着画面黑、白、灰关系的处理。此时，我会主观增加画面的明暗对比，增强受光和背光的对比关系，强调了光影，也使画面更具视觉冲击力。画面中，还要注意应始终保持光线方向的一致性，防止出现随光源的移动而使画面光影错落的矛盾现象。阴影在画面中还经常起到弥补构图的作用，如果画面中平整的地面物体空缺，又难以添加配景，以排线的方法画阴影便是一种最便捷最讨巧的办法。

图 137　河南，洛阳龙门石窟，24cm × 20cm

画面的艺术处理手法

速写要依赖于作画者对场景进行高度的概括和提炼，这种提炼和概括本身具有很强的艺术性。作者的艺术修养不同，对场景的认识也不同，体现在画面的概括和提炼程度也有所差异。钢笔速写作品在画面的处理上，主要通过取舍、对比等手法主观地处理画面，使画面更具艺术性和感染力。画面的艺术处理手法还需要多体会、多比较、多观察，才能逐渐领会，以至灵活运用。

图138 甘肃，天水麦积山石窟，14cm×21cm

图139 河南，洛阳龙门石窟，38cm×28cm

取舍的处理手法

    建筑风景速写中，面对所选定的场景，经常会碰到某些部分不够和谐与完美，这也是再所难免的，比如：建筑墙面与地面的交接过于"生硬"、前面的树枝挡住建筑的主要部位等因素。在这种情况下，需要你通过"取舍"的处理手法：前者可以在墙和地面交接处通过植物或石头等相关物体弱化交接线；后者则通过适当舍弃树枝，使建筑的主体更好地得以展现。因此，速写不能一味地讲究"真实"地反应客观存在，全盘地收纳眼前之所见。而是要求你对画面内容、布局结构等进行主观地概括和提炼，并适当进行取舍。取舍作为画面处理的主要艺术手法之一，不但能够灵活地移动、增减画面中的元素，将表现中遇到的不利因素转化为有利条件，而且能够有效地增强画面的整体协调性、场景气氛感和艺术表现力。通过"取"的方式，将原本场景中缺少的部分内容从外部借取过来，在画面中进行适当的安排，使其能够有利于画面的构图及表现；通过"舍"的方式，则是将有碍画面效果的对象和无碍大局的内容大胆地加以舍弃，以此突出主题，并使构图的结构安排更为合理，使画面更加完整，主题更加突出。

图140 泰国，曼谷，38cm × 29cm

图141 泰国，清莱，39cm × 26cm

图142 泰国，清莱，39cm × 26cm

对比的处理手法

除了"取舍"的处理手法之外，画面有时还需运用"对比"的处理手法。线条在排列组合的过程中，线条与线条之间形成了各种对比关系。这些对比关系主要表现为疏密对比、粗细对比与动静对比。这些对比手法也是建筑风景速写的重要艺术处理手法，它不仅能使画面的主体更加突出，也使画面的秩序感和层次感更加清晰，而且能够提升画面的视觉冲击力，使场景效果变得精彩，富有感染力。若画面中缺少相应的对比处理手法，画面会缺少节奏感和韵律感，整体效果显得平淡呆板，缺乏视觉张力和感染力。因此，在速写中合理地运用对比的处理手法，将使画面增添丰富感和变化感，使视觉效果更加强烈，画面更具艺术性。

图143 浙江、仙居民居、37cm × 29cm

图144　山东，济南朱家峪

图145　山东，济南朱家峪

疏密对比

　　疏密对比主要是指画面中线条排列组合的疏密关系,借助线条组织的疏密对比达到拉开层次的目的。在表现主要景物时,主要是通常画面主体用线密集(可以是排列,也可以是交叉)与次要部分用线疏松形成对比。也形成了画面的虚实关系、主次关系和空间关系等,主题突出。有了疏密对比的画面,画面的视觉张力得以显现,疏密对比的处理手法也是我在钢笔速写中最常用的一种对比处理手法。

图146　印度,德里,40cm × 25cm

图147　印度,德里,40cm × 25cm

线条粗细对比

粗细对比主要是指画面中描绘不同物体时所采用的各种不同粗细线条的对比关系。这种方法比较简单，容易理解。一般的处理手法是主体物的轮廓需以较粗的线型来描绘，配景则可以较细的线条来表现。或者采用前景粗，中景略粗，远景细的线条进行组合和表现，以此拉开主次或前后的空间关系。线条粗线对比的画面，也常常会显得生动而富有变化。

图148　青海，乐都县瞿昙寺，41cm × 25cm

图149　青海，平安县夏宗寺，41cm × 29cm

图150 泰国，芭提雅，24cm × 17cm

动静对比

　　动与静是相对而言的，主要是由于落笔速度的弛缓不同而形成的。速写作品中，既要有稳重严谨的线条，也要有活泼奔放的线条。缓慢的线条和快速的自由线便是一种对比，前者体现出"静"，后者表现为"动"。直线的性格特征也体现一种"静"，而曲线的性格特征则体现的是"动"。两种线条在画面中的并置与共存，形成了"静"与"动"的对比关系。它使画面显得松紧得宜，张弛有度，非常生动。

图151 泰国，清莱，31cm × 20cm

图152 甘肃，天水玉泉观，38cm × 26cm

图153 河南，开封，38cm × 26cm

建筑风景速写的程序

　　建筑风景速写的过程，我一般是先通过观察，对场景进行选定，然后采用一种绘画形式将建筑场景进行艺术化地表达及再现，最后再对画面进行调整与收拾，最后完成作品。虽然不同的作画者其表现手法与绘画习惯不尽相同，表现工具也多种多样，但风景速写的整个程序还是具有普适性与共性的，应遵循观察、表现、收拾的过程。

观察

　　在建筑速写过程中，无论是场景的选择、画面的构图定位还是表现过程，观察需一直贯穿始终。选择合适的建筑场景是观察的第一个目的，选定的场景一般会激发起作画者对绘画的欲望，往往也是一幅建筑速写获得成功的前提。除了以选景为目的的观察之外，在绘制的过程中也要全面地、细致地观察建筑等物体的结构与细节，从观察比较中体会建筑物的外部形态和内在神韵的关系，对所描绘的场景形成全面的认识和理解。因此，掌握正确的观察方式，养成积极主动的观察习惯，是速写过程中所必须具备的条件和能力。

图154 泰国，清迈，37cm × 28cm

图155 印度，德里，40cm × 26cm

图156 印度，德里，40cm × 26cm

图157 青海，乐都县柳湾村，39cm × 26cm

图158 青海，乐都县柳湾村，39cm × 26cm

表现

速写也是绘画表现的过程，这个过程又是整个速写程序中的主要过程。开始绘制前，你如果缺少对画面的整体把握能力，建议先勾勒若干小草图以备推敲选用。也可用铅笔大致画出场景的基本透视线条及建筑的形体比例，然后再用钢笔（签字笔）等工具进行描绘。绘制时可以由整体入手，也可以从局部出发。我习惯于后者，这主要视作画者的习惯及对画面的整体把握能力。在刻画的过程中，需要注意的是要有画面的整体意识，及时把握画面的虚实对比，黑白对比，疏密对比等艺术的处理手法，突出画面主体。

图159 青海，平安县寺台乡，41cm × 28cm

图160 青海，平安县寺台乡，40cm × 27cm

收拾

　　收拾或称整体调整，是速写的最后一个步骤。这跟其他绘画形式的作画过程一样，是不可逾越的重要环节，所以建筑风景速写自然也不例外。收拾是要抱有"整体意识"、"大局观"的眼光来审视画面。在速写过程中，你如果是一味关注细节，缺少整体意识，画面就很容易造成琐碎凌乱，或是画面物体均匀刻画，缺乏视觉焦点和主体重心。此时就需要整体调整画面，加强重点内容的刻画，从而获得更为整体的画面效果。需要提醒的时，钢笔（签字笔）工具不同于其他的绘画材料，它不宜修改，绘制过程中只能做"加法"而不能做"减法"。这就要求你在作画过程中养成经常性拉开一定距离观察画面的习惯，以便更好地把握整体，便于收拾。

图161　青海，平安县寺台乡，41cm × 25cm

以照片为参照对象来画速写

　　我在每次外出考察或写生的过程中，由于对新鲜事物的好感，想节省更多的时间去观察、去感受，所以留给现场写生的时间会受到很大的限制，不能完成太多的速写作品。在感受现场的同时，我会通过照相机记录场景和相应的大量素材，等回到工作室之后再进行绘制。从拍摄大量的照片中，首先，我一般会挑选透视关系强烈，建筑体量完整，细部特征明显，层次丰富的图片为依据。然后再由分析图片入手，根据对图片的认识和理解，脑海中先确定画面的主次关系。最后在绘制过程中，要注意不能简单地模仿场景，而是要主观地强调或忽略某些部分，通过"取舍"、"对比"等艺术处理手法完成画面，将简单的图片提升为艺术作品。

图162 泰国，清迈，36cm × 27cm

图163 泰国，清莱，38cm × 25cm

图164 泰国，清莱，38cm × 24cm

建筑风景速写的绘图步骤

前面已经提到，作画步骤是根据每人的作画习惯或根据对画面整体把握能力来决定的。我的作画步骤是：

①作画前胸有成竹，落笔干脆肯定。一般从画面中心或主体画起，有时也从画面边缘的局部物体入手，但要对把握画面的整体布局做到心中有数；

②从所画的面局部向周边逐渐扩展，细节不要刻画得过于深入，要留有余地，以免难以控制全局。注重线条流畅以及建筑结构关系的准确性与合理性，同时注意画面的虚实对比、黑白对比、疏密对比等处理手法；

③要注意控制好画面的构图，要具备驾驭画面的能力，出现问题及时调整。然后再逐步深入细化，一直到画面大体完成为止；

④在调整画面的过程中，要注意画面的主体是否突出，物体与物体之间的衬托关系是否合理，画面是否整体。

图165 江南园林，40cm × 29cm

图166 浙江，绍兴安昌古镇

图167 浙江，绍兴安昌古镇

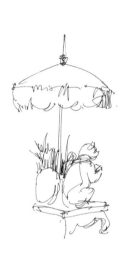

图168 绘图步骤——泰国，芭提雅

图169 绘图步骤——泰国，大城

图170 绘图步骤——山东、济南朱家峪，41cm × 29cm

图 171　绘图步骤——泰国·清迈，32cm×26cm

图172 青海，平安县寺台乡，39cm × 30cm

图173 青海，平安县寺台乡，39cm × 30cm

图174 泰国，清迈，32cm × 28cm

图175 泰国，清迈，39cm × 29cm

图176 山东，济南灵岩寺附近民居，39cm×30cm

图177 山东·济南朱家峪, 35cm × 29cm

图178 青海，平安县寺台乡，40cm×27cm